ミニトマトの
そだて方カレンダー

5月になえをうえると、6月のおわりくらいから、
ミニトマトのみをしゅうかくできます。じょうずに
せわをすれば、9月までみがなります。

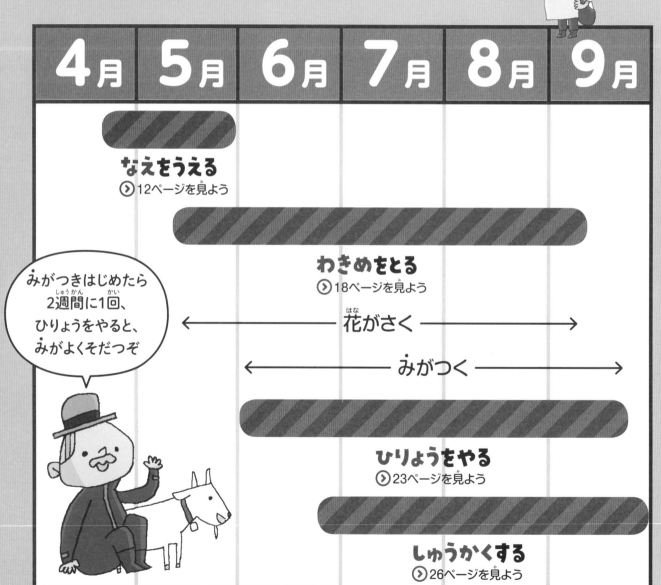

4月	5月	6月	7月	8月	9月

なえをうえる
> 12ページを見よう

わきめをとる
> 18ページを見よう

← 花がさく →

← みがつく →

みがつきはじめたら
2週間に1回、
ひりょうをやると、
みがよくそだつぞ

ひりょうをやる
> 23ページを見よう

しゅうかくする
> 26ページを見よう

※このカレンダーは目やすです。天気や地いきによりちがうことがあります。

毎日かんさつ！ ぐんぐんそだつ

はじめての やさいづくり

① ミニトマトをそだてよう

監修：塚越 覚
（千葉大学環境健康フィールド科学センター准教授）

虫やかれたはっぱは、すぐにとりのぞくのじゃ。
わきめも、見つけたらつみとること。
くきがのびたら、ひもでしちゅうにむすぶんだぞ

うえてから
1〜2週間
くらい

うえてから
2〜3週間
くらい

はっぱのつけねから
出てくる新しいめが
「わきめ」

黄色い花が
いくつもさいたね

30〜40㎝くらい

40〜50㎝くらい

わきめを
見つけたら
ぜんぶ手で
つみとろう

虫が
ついていたら
すぐにとろう

わきめをとろう
▶18ページを見よう

花がさいた
▶20ページを見よう

ミニトマトがそだつまで

どんなふうにそだつのかな？　どんなせわをするといいのかな？

スタート！
1日目（にちめ）

うえてすぐ〜
1週間後（しゅうかんご）
くらい

しちゅう →

せが高（たか）く
なったね

はっぱやくきは
どんなようすかな

ミニトマトが
たおれないように
ひもでくきをしちゅうに
むすぼう

ポットに入（はい）ったなえを
プランターやはたけに
うえつけよう

15〜20cm
くらい

20cmくらい

なえをうえよう
⊙12ページを見（み）よう

しちゅうを立（た）てよう
⊙16ページを見（み）よう

ミニトマトをそだてるには、どんなじゅんびがいるのかな？

ミニトマトのなえは、
4〜5月ころに出まわるぞ。
うえつけによいのは、
つぼみがついたころじゃ

ミニトマトのなえ

たねからそだてて、少し
そだったもの。

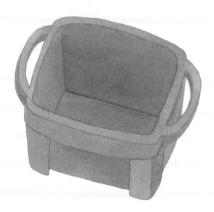

プランター

植物をうえる入れものの
こと。あさがおをうえた
プランターをつかっても
いいね。

スコップ

土をすくうのにつかう。

ばいよう土

よくそだつように、ひ
りょうなどが入っている
土。やさい用をつかおう。

じょうろ

水やりにつかう。ペットボ
トルのふたに、小さなあな
をあけたものでもいいよ。

しちゅう

せが高く（たか）のびるやさいを
そだてるときにつかう。
ミニトマトでは120～
150cmくらいのものが
いい。

なえや道具（どうぐ）は、
ホームセンターなど
で手（て）に入（はい）るぞ

ひも

ミニトマトのくきを、し
ちゅうにむすびつけるの
につかう。

ひりょう

土（つち）にまくやさいのえいよ
う。やさいに必要（ひつよう）な成分（せいぶん）
が入（はい）っている。

かんさつのじゅんびもわすれずに

●かんさつカード

さいしょはメモ用紙（ようし）にか
いてもいいね。

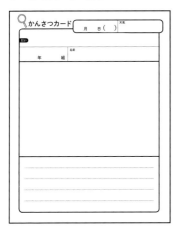

●ひっきようぐ

絵（え）をかくための色（いろ）えんぴ
つも用意（ようい）しよう。

●じょうぎやメジャー

長（なが）さや大（おお）きさをはかるの
につかう。虫（むし）めがねもあ
るといいね。

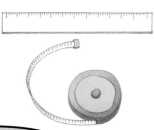

@この本（ほん）のさいごにあるので、コピーしてつかおう。

外（そと）から帰（かえ）ったら手（て）あらい、
うがいをわすれずに！

おぼえておこう!

植物の部分の名前

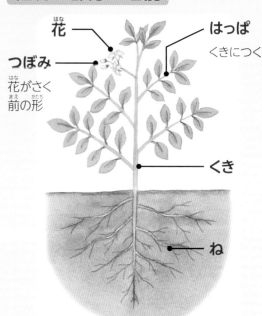

花

はっぱ
くきにつく

つぼみ
花がさく
前の形

くき

ね

花の部分の名前

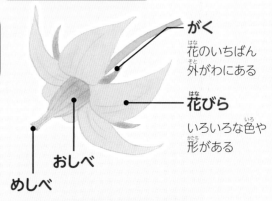

がく
花のいちばん
外がわにある

花びら
いろいろな色や
形がある

おしべ

めしべ

くらべてみよう!

花びら

がく

がく

アサガオの花

ヒマワリの花

うえてから
7〜8週間
くらい

70〜100cmくらい

のびたくきをまた
ひもでしちゅうに
むずぼう

みが
まっかになった!

みを手で
1つずつ
つみとろう

しゅうかくしよう

26ページを見よう

6

この本のつかい方

この本では、ミニトマトのそだて方と、かんさつの方法をしょうかいしています。

●ミニトマトがそだつまで：そだて方のながれやポイントがひと目でわかるよ。

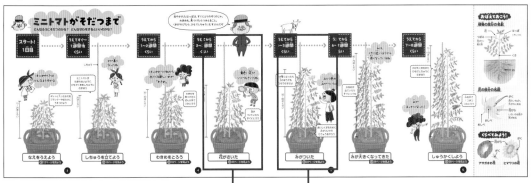

この本のさいしょ（3ページから6ページ）にある、よこに長いページだよ。

●ミニトマトをそだてよう：そだて方やかんさつのポイントをくわしく説明しているよ。

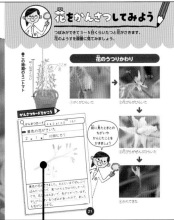

かんさつ名人のページ

やさいをそだてるときに、どこを見ればいいか教えてくれるよ。

やさい名人のページ

やさいをそだてるときのポイントや、しっぱいしないコツを教えてくれるよ。

うえてからの日数
だいたいの目やす。天気や気温などで、かわることもあるよ。

かんさつカードをかくときの参考にしよう。

かんさつポイント
かんさつするときに参考にしよう。

ミニトマトのしゃしん
なえやくき、はっぱ、花、みのようすを、大きな写真でかくにんしよう。

そだて方の説明

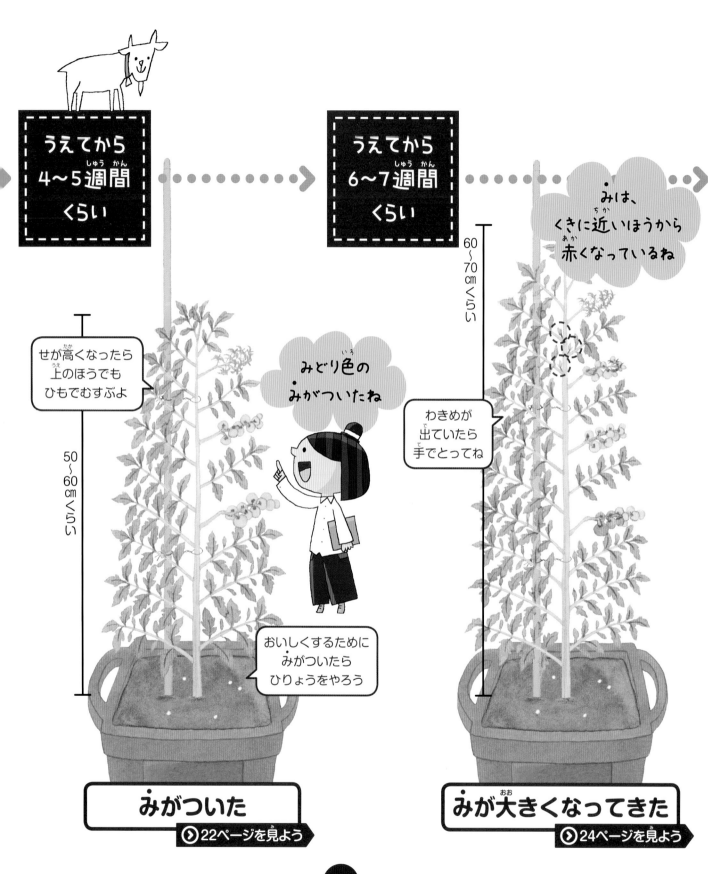

うえてから
4〜5週間
くらい

うえてから
6〜7週間
くらい

みは、
くきに近いほうから
赤くなっているね

せが高くなったら
上のほうでも
ひもでむすぶよ

みどり色の
みがついたね

50〜60cmくらい

60〜70cmくらい

わきめが
出ていたら
手でとってね

おいしくするために
みがついたら
ひりょうをやろう

みがついた

▶22ページを見よう

みが大きくなってきた

▶24ページを見よう

もくじ

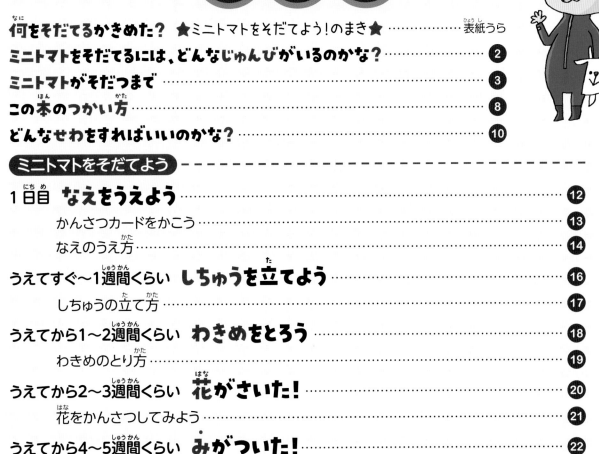

どんなせわをすれば いいのかな？

ミニトマトをそだてるときにすることを頭に入れておこう。

毎日ようすを見る

- 土がかわいていて、はっぱが ぐったりしていたら、水をやる
- 虫やざっ草、かれたはっぱを 見つけたら、とりのぞく

🔍 虫はいない？

🔍 はっぱの 色がかわったり かれたり していない？

🔍 ぐったりして いない？

🔍 土はかわいて いない？

🔍 ざっ草は はえていない？

雨の日は、 水やりはしなくていいぞ。 台風のときは、風を よけられるところに いどうさせるんじゃ

水をやる

- 土を見て、ひょうめんがかわいていたらやる
- プランターのそこからながれ出るまで たっぷりかける
- 夏は、朝か夕方のすずしいときにやる
- はっぱやくきにかからないようにする

10

しちゅうを立てる

- たおれないように、ささえるぼうが「しちゅう」
- ひもで、くきをしちゅうにむすぶ
- のびてきたら、上でもむすぶ
- ▶ 16ページを見よう

わきめをとる

- はっぱのつけねから出る、新しいめが「わきめ」
- 見つけたら手でつみとる
- ▶ 18ページを見よう

ひりょうをまく

- 土にまく、やさいのえいようが「ひりょう」
- みがついたら、2週間に1回ひりょうをまく
- ▶ 23ページを見よう

せわをするときに気をつけること

よごれてもいいふくをきよう

土や植物にさわるので、よごれてしまうことがあります。

おわったら手をあらおう

土がついていなくても、せわをしたら手をよくあらいましょう。

小さなポットに入ったなえを、プランターやはたけにうえかえます。くきやはっぱはどんなようすか、しっかりかんさつしましょう。

なえをうえよう

くきの長さを
はかってみよう

上からだけでなく、
下からも見てみよう

はっぱは
どんな形かな？

はっぱをそっと
さわってみよう

12

かんさつカードをかこう

気がついたことや気になったことを、どんどん
かきこもう。

かんさつのポイント

❶ じっくり見る　大きさ、色、形などをよく見よう。はっぱはどんな色で何まいある？

❷ 体ぜんたいでかんじる　くきやはっぱは、つるつるしているかな、ざらざらかな？ さわったり、かおりをかいだりしてみよう。

❸ くらべる　きのうとくらべてどこがちがう？ 友だちのミニトマトともくらべてみよう。

🔍 かんさつカード　5月15日（金）　天気 はれ

だい　ミニトマトのなえをうえた

2 年 1 組　名前 川田ヒカリ

ミニトマトのなえを、みんなでプランターにうえました。はっぱはこいみどり色で、さわるとざらざらしていました。手のゆびからトマトのにおいがして、びっくりしました。早くみがなるといいな、と思いました。

だい

見たことやしたことを、みじかくかこう。

絵

はっぱはどんな形で、どんな色をしているかなど、「かんさつのポイント」を参考にしながら絵をかこう。気になったところを大きくかいてもいいね。

かんさつ文

その日にしたことや、かんさつしたことをつぎの順番でかいてみよう。

はじめ その日のようす、その日にしたこと
なか かんさつして気づいたこと、わかったこと
おわり 思ったこと、気もち

📎この本のさいごに「かんさつカード」があります。コピーしてつかおう。

なえのうえ方

ここでは、プランターにうえる方法をしょうかいします。

1 プランターに土を入れる

スコップをつかって、プランターのそこに土（ばいよう土）を入れます。

どれくらい土を入れるの?

なえをおいて、なえの土がプランターのふちから2cm下になるくらいにしよう。

ふちから
2cm下に
なるように

なえ

土

2 ポットからなえを出す

左手でポットをもち、右手でなえをうけとります。なえがおれないように、そっととり出します。

土をくずすと、ねがいたむぞ。ねをさわらないようにしよう

右手のゆびで
くきのねもと
をはさむ

ゆっくり
ひっくりかえす

そっととり出す

3 まん中になえをおき、さらに土を入れる

プランターになえがまっすぐに立つようにおき、まわりにスコップで土を入れます。

土の高さをそろえる

なえとまわりの土がたいらになるようにしよう。でこぼこがあると、水をやったときに水たまりになって、うまく水がいきわたらないよ。

○

↕2cmくらい

×

4 水をやる

じょうろに水を入れて、はっぱやくきにかからないように気をつけながら土の上にかけます。プランターのそこから水がながれ出てくるまで、たっぷりとかけます。

くきがのびてきたら、風などでたおれないように、ぼうを立ててささえます。このぼうのことを「しちゅう」といいます。

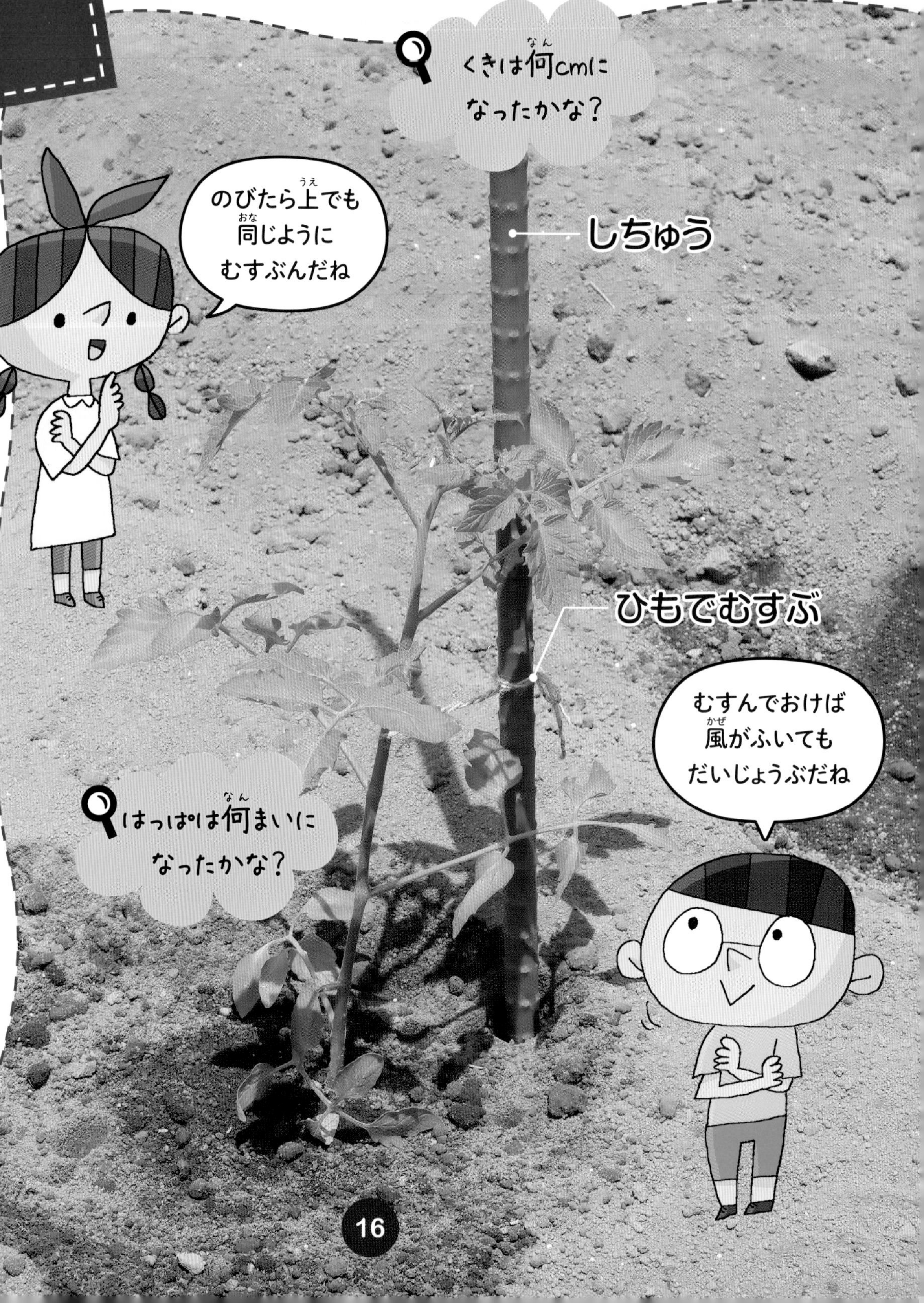

しちゅうを立てよう

のびたら上でも同じようにむすぶんだね

くきは何cmになったかな？

── しちゅう

── ひもでむすぶ

むすんでおけば風がふいてもだいじょうぶだね

はっぱは何まいになったかな？

16

しちゅうの立て方

くきが20cmくらいになったら、ひもでしちゅうに
むすびます。

1 土にしちゅうをさす

なえから5〜10cmはなして、
しちゅうをまっすぐにさしま
す。たおれないよう、ふかさ
20cm以上さしましょう。

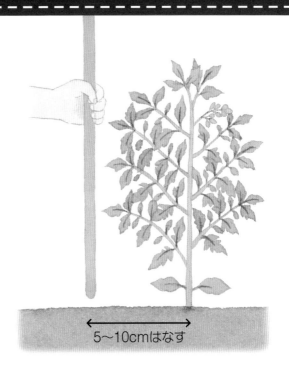

5〜10cmはなす

2 ひもでくきを
しちゅうにむすぶ

30cmくらいのひもで、
くきをしちゅうにむす
びます。これからくき
が太くなるので、ゆる
めにします。くきはど
んどん上にのびるので、
のびたら上でも同じよ
うにひもでしちゅうに
むすびます。

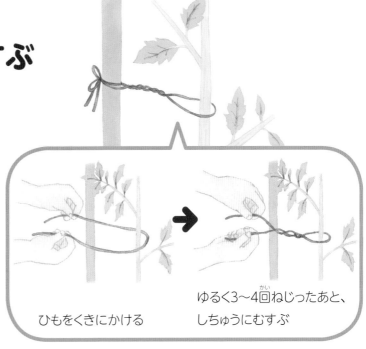

ひもをくきにかける

ゆるく3〜4回ねじったあと、
しちゅうにむすぶ

うえてから
1〜2週間
くらい

わきめをとろう

はっぱのつけねから出てくる、新しい小さなはっぱが「わきめ」です。そのままのばすとえいようがとられてしまうので、手でつみとります。

しちゅうに
むすんだひも

しちゅう

はっぱ

わきめ

くき

ぜんぶの
はっぱのつけねを
見てみよう

かわいいめだけど
早くとったほうが
いいんだって

18

わきめのとり方

わきめがあるのを見つけたら、すぐにねもとからつみとります。

1 わきめを見つけたらすぐにつみとる

ミニトマトがそだつと新しいはっぱがついて、そのはっぱのつけねには、わきめが出てきます。つぎつぎに出てくるので、見つけたらつみとります。

花やみの下にあるわきめはとくに早く大きくなるぞ。小さいうちにつみとるんじゃ

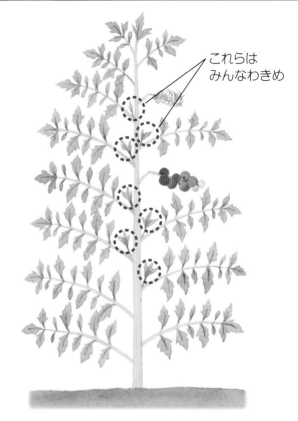

これらはみんなわきめ

2 ゆびでつまんでおる

わきめのねもとをゆびでつまみ、下におりまげるようにすると、ポキンととれます。

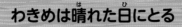

わきめは晴れた日にとる

わきめをとったあとがかわかないと、病気になることがあるよ。わきめをとるのは、かわきやすい晴れた日にしましょう。

うえてから
2〜3週間
くらい

はっぱが7〜8まいつくと、つぼみがつきはじめます。つぼみはどんなふうにひらいて、どんな花になるのかな?

花は何色?
どんなにおいかな?

がく

花びら

花びらは
何まいかな?

花がさいた!

このあと
どうなるの
かな?

つぼみを
そっとさわってみよう

つぼみ

花をかんさつしてみよう

つぼみができて3〜5日くらいたつと花がさきます。
花のようすを順番に見てみましょう。

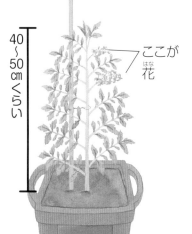

40〜50cmくらい

ここが花

花のうつりかわり

①がくがひらいた

がく

花びら

②花びらがひらいた

③花びらがぜんぶひらいた

④かれてきた

かんさつカードをかこう

かんさつカード　6月2日(火)　天気 くもり

だい　黄色の花がさいた

2 年　1 組　名前 川田ヒカリ

黄色の花がさきました。おとといまでぜんぶつ
ぼみだったので、見つけたときはうれしかった
です。花びらは6まいで、先がとがっています。
少しひらいているつぼみがあったので、あした
も花がひらくかな。

前に見たときとの
ちがいや
かんじたことを
かきましょう

21

花がかれたあとに、みどり色のみができます。このころ、みが大きく、おいしくなるようにひりょうをやります。

み・がついた！

みがついたら
ひりょうを
やるんだね

み・は何cm
くらいかな？

がく

み

つぼみ

できたばかりのみを
下から見たところ

22

ひりょうのやり方

ひりょうは、やさいのごはんです。かならずやりましょう。

1 土の上にまく

ひりょうを、くきからはなしてまき、土とかるくまぜます。

1かしょに、かたよらないようにまくんだぞ

2 水をやる

プランターのそこからながれ出るまで、水をやります。水をかけると、えいようがとけて土にしみこみます。

どのくらいひりょうをやるの?

ひりょうには、やさいがそだつのに必要な、えいようがつまっています。みが大きくなるときは、えいようをたくさんつかうので、2週間に1回、ひりょうをやります。

23

みどり色のみが少しずつ大きくなっていくよ。つけねのほうから大きくなって、少しずつ色もかわっていきます。

み・みが大きくなってきた！

🔍 がくの形は、どうかわったかな？

🔍 花がついていたところはどうなっている？

み・を
そっとつまんで
かたさをくらべて
みよう

みをかんさつしてみよう

大きくなったみは、少しずつ色がかわっていきます。
どんなふうにかわるか見てみましょう。

● この時期のミニトマト

60〜70㎝くらい

ここがみ

かんさつカードをかこう

花のつけねが
ふくらんで
みになるんだね

かれた花がついているみ

色のかわり方

はじめはみんなみどり色

つけねのみから赤くなる

かんさつカード　6月23日(火)　天気 くもり

だい みが赤くなってきた

2年 1組　名前 川田ヒカリ

つけねのほうから、だんだんみが赤くなってき
ました。先のほうのきみどりのみも大きくなっ
たので、つまんでみると、いつも食べているミ
ニトマトよりかたかったです。早くぜんぶのみ
が赤くなるといいな、と思いました。

みがまっかになったら、しゅうかくします。時期が
おそくなると、みがわれたり、たねがかたくなった
りします。

しゅうかくしよう

せの高さは
どのくらいに
なったかな？

さわると、どんな
においがする？

こぶ

1つずつ
手でつみとる
んだね

みは、
どのくらいの大きさに
なった？

26

しゅうかくの仕方

毎日かんさつして、まっかになったみを1つずつとります。

1つずつ、手でつみとる

ミニトマトを手のひらでやさしくにぎります。がくの上にあるこぶを、人さしゆびでおしながら、みを上にあげてポキッとおります。

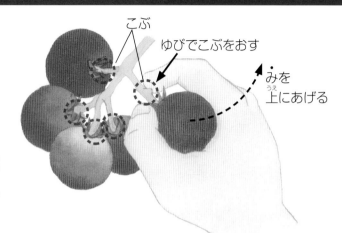

こぶ

ゆびでこぶをおす

みを上にあげる

みのつき方をかんさつしてみよう

はっぱとみは、きまった順番につく

ミニトマトは、はっぱが7〜9本出たあと、さいしょのみのふさがつきます。そのあとは、はっぱが3本出ると、4本目にみのふさがつきます。

みは、ぜんぶ同じがわにつくから、みがついているほうを日当たりのいい方向にむけるとよいぞ

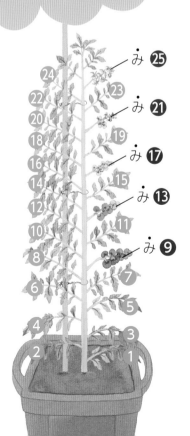

み ㉕
24
22 ㉓
20 み ㉑
18 19
16 み ⑰
14 15
12 み ⑬
10 11
8 み ⑨
7
6
5
4
2 3
1

すぐできる！

やさいパーティのレシピ

しゅうかくしたミニトマトで、かんたんスイーツにちょうせん！

できあがり
10分
くらい

ミニトマトの
デコカップケーキ

ミニトマトのすっぱさと、チーズクリーム
のあまみがクセになるカップケーキです。

すきな
かざりつけを
してみよう！

よういするもの

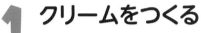

材料（2人分）	
☐ ミニトマト　4こ	
☐ カップケーキ（小）　4こ	
*売っているもの。カステラでもよい	
☐ クリームチーズ　50グラム	
☐ さとう　大さじ1	
☐ トッピングシュガー　少し	

> カップケーキは売っているものをつかおう

道具	
☐ はかり	☐ ほうちょう
☐ 計りょうスプーン（大さじ）	☐ スプーン
☐ ボウル（電子レンジに入れられるもの）	
☐ あわだてき	◎ あたためるときは、電子レンジ（600ワット）をつかう
☐ まないた	

つくり方

1 クリームをつくる

ボウルにクリームチーズを入れ、電子レンジ（600ワット）で10びょうあたためる。あついうちにさとうを入れて、あわだてきでまぜる。れいぞうこで5分ひやす。

> クリームがなめらかになるまでまぜよう

2 ミニトマトを切る

ミニトマトはヘタをとって水であらい、ほうちょうでよこ半分に切る。

> ミニトマトは小さいので、おさえるゆびを切らないようにしよう

> クリームはたっぷりのせよう

> ミニトマトの切り口を上にしてのせよう

ミニトマトのあつかい方

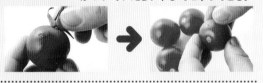

| 下ごしらえ | ヘタをとってから、水であらう。よごれがついていたら、ゆびでこすってとる。 |

| 切り方 | たてに切るか、よこに切るかで見え方がかわる。よこに切るときれいな円になる。 |

よこに切ると… ──たね　　**たてに切ると…** ──しきり

しきり──

──たね

| ほぞん | ミニトマトはビニールぶくろに入れて、れいぞうこでほぞんする。1週間くらいで食べきる。 |

3 ケーキをかざる

1のクリームをスプーンにとり、カップケーキの上にのせたら、2のミニトマトを2切れずつのせる。しあげにトッピングシュガーでかざる。

※ほうちょうは大人がいるときにつかおう

29

ミニトマトの
白玉ポンチ

シュワシュワしたサイダーにミニトマトと
白玉をうかべた、さわやかなスイーツです。

湯むきすると
シロップがよく
しみるんだって

よういするもの

フルーツと
サイダーはよく
ひやしておこう

こんろは
火がつくので、
やけどや火事に
気をつけよう

材料（2人分）

- ☐ ミニトマト　4こ
- ☐ 白玉粉　大さじ4（30グラム）
- ☐ 水　大さじ2
- ☐ ミックスフルーツ（かんづめ）
  - フルーツ　大さじ3
  - シロップ　大さじ2
- ☐ サイダー　50ミリリットル

道具

- ☐ 計りょうスプーン（大さじ）
- ☐ 計りょうカップ
- ☐ ボウル
- ☐ 小なべ
- ☐ あみじゃくし

◎ゆでるときは、ガス
こんろをつかう

つくり方

1 白玉を10こつくる

ボウルに白玉粉を入れ、水をくわえて手でまぜる。ちょうどいいかたさになるように、水は少しずつ足す。

> 耳たぶくらいのかたさにしよう

10等分にして、りょうてのひらでくるくると丸める。

2 ミニトマトを湯むきする

小なべに水を入れて、強火にかける。ふっとうしたら中火にして、ミニトマトを入れる。10びょうゆでたら、あみじゃくしですくい、水を入れたボウルに入れる。なべは火を止めて、そのままにしておく。

> 10びょうしたら上げよう

ねつがとれたら、ミニトマトのかわをむく。

> かわはゆびでツルッとむける

3 白玉をゆでる

ボウルにつめたい水を入れておく。2のなべを火にかけ、ふっとうしたら、1の白玉を入れる。2分ほどゆで、ういてきたらさらに30びょうほどゆでる。

> 白玉は火が通るとういてくる

白玉をあみじゃくしですくい、水を入れたボウルに入れてひやす。

4 もりつける

白玉は水を切ってうつわに入れ、かんづめのフルーツとシロップ、ミニトマトを入れる。しあげにサイダーをそそぐ。

※火は大人がいるときにつかおう

ちょうせんしよう!
ミニトマトクイズ

クイズでうでだめしをしてみましょう。
こたえはこの本の中にあるよ。

もんだい
1 「わきめ」はどっちかな?

 わきめは、はっぱの
つけねから出てくるよ。

こたえ → 18ページを見よう

もんだい
2 「がく」はどっちかな?

 がくは、ミニトマトのヘタの
部分だよ。

A

B

こたえ
→ 22ページを見よう

もんだい 3 先に赤くなるのはどっちかな？

A つけねのほうから

B 先のほうから

ヒント 先についたみから赤くなるよ。

こたえ → 25ページを見よう

もんだい 4 この切り口になるのはどっちかな？

A たてに切る

B よこに切る

  ヒント 切り口を見よう。くぼみがあれば「たて」、きれいな円なら「よこ」だよ。

こたえ → 29ページを見よう

ミニトマトって どんなやさい？

トマトはどこで生まれたの？ どんな種類があるの？
みんなのぎもんをやさい名人に聞いてみよう。

 ミニトマトとトマトは同じやさいなの？

種類がちがうだけで、同じやさいじゃ

トマトは、大玉、中玉、ミニトマトと、大きさで分けられます。
・ミニトマトは直径2 〜 3cmくらい、おもさ30グラムくらい。
・中玉トマトは直径4 〜 5cmくらい、おもさは50〜100グラムくらい。
・大玉トマトは直径5 〜 6cm以上、おもさ200グラムくらい。
そだて方はみんな同じですが、みが大きくなるには時間がかかるので、
大玉トマトがしゅうかくできるようになるには、ミニトマトより2週
間くらい長くかかります。

大玉トマト

中玉トマト

ミニトマト

いろいろなトマト

 ミニトマトにも、種類があるの？

いろいろな色や形の種類があるぞ

黄色やオレンジ色、黒っぽい赤など、色によって種類
がちがいます。細長い形やハート形のものなど、形の
ちがう種類もあります。

いろいろなミニトマト

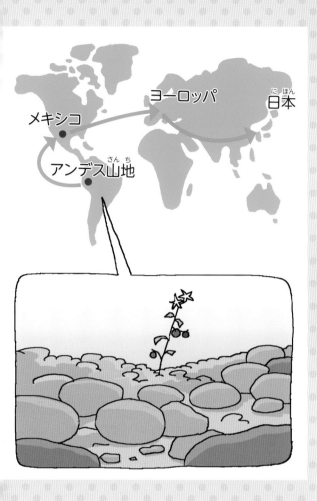

トマトはどこで生まれたの?

南アメリカじゃ

南アメリカのアンデス山地に生えていた植物です。太陽の日ざしの強い、かんそうした場所でそだちました。さいしょに中央アメリカのメキシコに、さらにヨーロッパにつたわりました。

いつ日本につたわったの?

江戸時代じゃ

日本には江戸時代に、見て楽しむものとしてつたわったといわれています。日本でやさいとして食べられるようになったのは明治時代からで、そのころに生まれたトマトケチャップの材料につかわれました。サラダなどで生で食べるようになったのは、70年くらい前からです。

トマトはどうして赤くなるの?

目立って見つかりやすいためといわれておる

赤く色づくのは、目立って、鳥などに見つかりやすいようにするためといわれています。ミニトマトのたねは、食べた鳥のふんとなってべつの場所におちて、新しくめを出します。そうやって、子孫をふやします。

ふんにたねが入っている

もっと教えて
やさい名人

プランターのかわりにふくろをつかう
ふくろさいばいに
チャレンジ!

大きくてじょうぶなふくろをつかって、ミニトマトを
そだててみよう。ここでは、売っている土をふくろの
ままつかう方法をしょうかいします。ふくろは15リッ
トル以上入る大きさのものを用意します。

このあとは、
ふつうのそだて方と
いっしょだよ

さいしょに
用意するもの

ふくろ入りのばいよう土
（15リットル以上）

ミニトマトのなえ　　はさみ

ふくろの上も
切る

点線のように切っ
て、ふくろの下に
あなをあける

ふくろの上を
2〜3回おりまげる

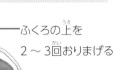

1 水が下からながれ出る
ように、土のふくろに
はさみであなをあける。

2 ふくろの上は少しお
る。ふくろの下は、た
いらにして立たせる。

3 まん中にあなをあけ、な
えをうえる。土をたいら
にし、たっぷり水をやる。

36

こんなとき、どうするの？

そだてているミニトマトのようすがおかしいと思ったら、ここを見てね。すぐに手当てをしましょう。

こまった！ 1 はっぱに白いこなが　ふいたようになった！

「うどんこびょう」ですね。

うどんこ（白いこな）がついたようになる病気ですが、はっぱをとりのぞけば大じょうぶです。とりのぞいたはっぱは、すぐにすてます。近くにおいておくと、ほかのはっぱに、うつってしまいます。

こまった！ 2 はっぱがくたっとしている！

水が足りません。

水やりをしたのはいつかな？　土のひょうめんが白っぽくかわいていたら、水が足りなくてしおれています。このままではかれてしまうので、水をたっぷりやりましょう。毎日、土がかわいていないか、かんさつしましょう。

こまった! 3 はっぱがちぢれて はんてんができた!

病気かもしれません。 はっぱはとりのぞきましょう。

はっぱがちぢれたり、はんてんができたりしたら、病気かもしれません。そんなはっぱは、ほかにうつらないようにとりのぞきます。とりのぞくときは、そのたびごとに手やはさみをきれいにあらって、病気がうつるのをふせぎましょう。

こまった! 4 はっぱが 細く元気がない

ひりょうが足りません。

先のほうのはっぱが細く、上を向いてのびているときは、ひりょうが足りません。早めにひりょうと水をやりましょう。左の絵のように、はっぱがよこにのびていれば元気です。

こまった! 5 はっぱが 下からかれてきた!

下からなら大じょうぶです。

はっぱは、下から少しずつかれるものなので、心配いりません。かれたらきれいにとりのぞきます。上のほうのはっぱがかれてきたら、虫や病気が原因なので、ほかの場所にうつして、虫をとりのぞいたり、えだごと切ったりします。

こまった！6 みがなかなか赤くならない！

気温が低いと赤くなりません。

ミニトマトのみは、毎日の気温を足して850℃くらいにならないと赤くなりません。すずしい日がつづくと、赤くならないのです。天気がよくなり気温が上がれば、色づいてきます。

こまった！7 みにあながあいている！

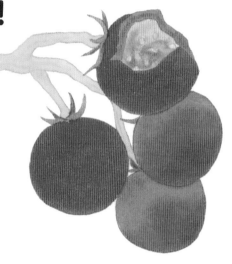

鳥が食べたのかも？

赤いみは鳥の大こうぶつです。ミニトマトは、カラスなどの鳥につつかれて、おちてしまうことがよくあります。心配なときは、みにネット（台所のはいすいこう用のものなど）をかけて、テープやせんたくばさみでとめ、鳥からまもりましょう。

こまった！8 みがわれてしまった！

雨にぬれると、われることもあります。

みに雨や水がかかるとわれてしまうことがありますが、食べられます。水やりのときに水をかけないようにしましょう。まだ大きくなるかも……などと、とらずにおいておいても、しぜんにわれてしまうので、赤くなったらしゅうかくしましょう。

39

●**監修**
塚越　覚（つかごし・さとる）
千葉大学環境健康フィールド科学センター准教授

●**栽培協力**
加藤正明（かとう・まさあき）
東京都練馬区体験農園「百匁の里」園主

●**料理**
中村美穂（なかむら・みほ）
管理栄養士、フードコーディネーター

●**デザイン**　山口秀昭（Studio Flavor）
●**キャラクターイラスト・まんが・挿絵**　イクタケマコト
●**植物・栽培イラスト**　小春あや
●**栽培写真**　渡辺七奈
●**表紙・料理写真**　宗田育子
●**料理スタイリング**　二野宮友紀子
●**DTP**　有限会社ゼスト
●**編集**　株式会社スリーシーズン
　　　　（奈田和子、土屋まり子、荻生 彩）

◆**写真協力**
ピクスタ、フォトライブラリー

毎日かんさつ！　ぐんぐんそだつ
はじめてのやさいづくり
❶ ミニトマトをそだてよう

発行　2020年4月　第1刷
　　　2024年6月　第3刷

監　修　塚越 覚
発行者　加藤裕樹
編　集　柾屋洋子
発行所　株式会社ポプラ社
　　　　〒141-8210　東京都品川区西五反田3-5-8
　　　　ホームページ　www.poplar.co.jp
印　刷　今井印刷株式会社
製　本　大村製本株式会社

ＩＳＢＮ978-4-591-16504-1
N.D.C.626　39p 27cm
Printed in Japan
P7216001

ポプラ社はチャイルドラインを応援しています

18さいまでの子どもがかけるでんわ
チャイルドライン®
0120-99-7777
毎日午後**4**時〜午後**9**時　※12/29〜1/3はお休み

電話代はかかりません
携帯（スマホ）OK

18さいまでの子どもがかける子ども専用電話です。
困っているとき、悩んでいるとき、うれしいとき、
なんとなく誰かと話したいとき、かけてみてください。
お説教はしません。ちょっと言いにくいことでも
名前は言わなくてもいいので、安心して話してください。
あなたの気持ちを大切に、どんなことでもいっしょに考えます。

チャット相談は
こちらから

毎日かんさつ！ ぐんぐんそだつ

はじめての やさいづくり

全8巻

監修：塚越 覚（千葉大学環境健康フィールド科学センター准教授）

小学校低学年〜高学年向き

N.D.C.626（5巻のみ616） 各39ページ Ａ4変型判 オールカラー
図書館用特別堅牢製本図書

おしえて！かんさつカードのかき方

気がついたことや気になったことをカードに記録しましょう。

かんさつのポイント

❶ **じっくり見る** 大きさ、色、形などをよく見よう。

❷ **体ぜんたいでかんじる** さわったり、かおりをかいだりしてみよう。

❸ **くらべる** きのうのようすや、友だちのミニトマトともくらべてみよう。

⌀ 右ページの「かんさつカード」をコピーしてつかおう。

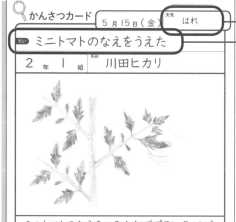

かんさつカード　5月15日(金)　天気　はれ

だい　ミニトマトのなえをうえた

2 年 1 組　名前　川田ヒカリ

ミニトマトのなえを、みんなでプランターにうえました。はっぱはこいみどり色で、さわるとざらざらしていました。手のゆびからトマトのにおいがして、びっくりしました。早くみがなるといいな、と思いました。

天気

マークでかいたり、気温をかいたりするのもいいね。

だい

見たことやしたことを、みじかくかこう。

かんさつカード　6月2日(火)　天気　くもり

だい　黄色の花がさいた

2 年 1 組　名前　川田ヒカリ

黄色の花がさきました。おとといまではぜんぶつぼみだったので、見つけたときはうれしかったです。花びらは6まいて、先がとがっています。少しひらいているつぼみがあったので、あしたも花がひらくかな。

絵

はっぱ・花・みの形や色はどんなかな？よく見て絵をかこう。気になったところを大きくかいてもいいね。

かんさつカードで記録しておけば、どんなふうに大きくなったかよくわかるワン！

かんさつカード　6月23日(火)　天気　くもり

だい　みが赤くなってきた

2 年 1 組　名前　川田ヒカリ

つけねのほうから、だんだんみが赤くなってきました。先のほうのきみどりのみも大きくなったので、つまんでみると、いつも食べているミニトマトよりかたかったです。早くぜんぶのみが赤くなるといいな、と思いました。

かんさつ文

その日にしたことや、気がついたことをつぎの順番でかいてみよう。

はじめ	その日のようす、その日にしたこと
なか	かんさつして気づいたこと、わかったこと
おわり	思ったこと、気もち